AF370210

INTRODUCTION.

Tout le monde reconnaît aujourd'hui que les progrès de l'industrie agricole sont une des causes les plus puissantes de la prospérité et de la paix des Etats. Elle protège, elle assure leur stabilité au dedans comme leur puissance au dehors. Le sage ministre de Henri IV, Sully, avait raison de le dire : « Le labourage et le pastourage sont les deux mamelles de l'Etat. »

Ainsi, quand le sol tremble sous nos pas, améliorer l'agriculture, c'est travailler efficacement à le raffermir. Il faut avant tout que l'agriculture soit prévoyante ; il faut qu'elle travaille pendant les années d'abondance afin de prévenir le retour de ces calamités qui viennent quelquefois surprendre et ébranler la société, alors même qu'elle paraît plus ferme sur ses fondements.

Mais ce qui est vrai pour tous les grands Etats l'est surtout pour la France. Nous ne devons pas oublier, même au sein de l'abondance dont nous jouissons depuis quelques années, que la récolte de notre sol ne peut pas toujours suffire à nos besoins. Les tristes souvenirs de 1847 sont trop récents pour que nous ayons besoin d'insister sur ce point. La statistique a d'ailleurs constaté que, dans l'espace de 25 ans, de 1815 à 1841, il a été introduit en France des blés étrangers pour une valeur de 460 millions.

Dans un siècle où la population s'accroît par une progression rapide, ne doit-on pas redouter que nos produits agricoles ne deviennent de plus en plus insuffisants et n'est-il pas d'une salutaire prévoyance de mettre en œuvre aujourd'hui tous les moyens d'assurer pour l'avenir la subsistance de la population, en donnant à nos champs une fertilité plus grande et plus régulière ?

Or, parmi les moyens employés avec le plus de succès dans ces derniers temps pour arriver à l'augmentation permanente des produits du sol, il faut placer en première ligne le *drainage* ou assèchement du sol par des dérivations souterraines.

Ce procédé, introduit en Angleterre sur une grande échelle, y a produit des résultats étonnants. Le gouvernement de la Grande-Bretagne a avancé une somme de 186 millions destinés à favoriser les dessèchements par la méthode du drainage.

Le gouvernement belge, marchant dans la même voie, a fait importer plusieurs machines propres à la fabrication des tuyaux ainsi que des assortiments d'outils de drainage qu'il a mis à la disposition des agriculteurs.

N'est-il pas temps que nous nous efforcions

nous-mêmes de mettre à profit les expériences de nos voisins ?

C'est afin de concourir par nos faibles efforts à l'introduction sur notre sol de la pratique du drainage, que nous avons recueilli en une courte *Notice* tous les renseignements qui peuvent servir à en faire connaître les effets, les avantages et l'application.

Ce petit travail a reçu la bienveillante approbation de l'Association normande et de l'Institut des provinces, qui attachent, comme on sait, une très-haute importance à la propagation du drainage.

Puisse-t-il servir à répandre parmi nos cultivateurs la connaissance et la pratique d'un procédé agricole qui paraît destiné aujourd'hui à rendre les plus éclatants services ! Et nous aurons atteint, bien au-delà de nos espérances, le seul but que nous nous soyons proposé.

Ry, le 3 mai 1851.

DRAINAGE.

Qu'est-ce que le Drainage ?

Le drainage, ou asséchement du sol par des tranchées ou dérivations souterraines, est une opération qui a pour résultat de purger le terrain de toute humidité nuisible, en faisant cesser la permanence des eaux, en leur rendant impossible à l'intérieur de la terre un séjour assez prolongé pour compromettre ou seulement retarder la végétation des plantes utiles.

Effets du Drainage.

Le drainage accroît la fertilité de la terre, la quantité et la qualité des produits.

L'épaisseur de la couche végétale s'augmente par l'égouttage du sol ; elle retient plus efficacement les gaz, les sels, les engrais.

Le drainage favorise l'accès et le renouvellement de l'air atmosphérique, qui est indispensable aux racines des plantes ; l'élévation de la température de la couche végétale du sol et du sous-sol assainis assure aux plantes une maturité plus certaine et plus hâtive, parce que la chaleur et l'humidité, qui jouent le principal rôle dans les phénomènes de la végétation, se trouvent réunis dans des proportions convenables à la surface du sol et dans les couches inférieures.

Enfin, on obtient, par le drainage, le complet assainissement des contrées humides ou marécageuse, et l'on fait disparaître les maladies endémiques qui déciment chaque année les populations pauvres condamnées à vivre dans ces lieux insalubres.

Deux sortes de Drainages.

On distingue deux sortes de drainages :

Le drainage de surface ou peu profond, et le drainage à fond.

Le drainage de surface consiste à ouvrir, à des distances plus ou moins éloignées, des tranchées, rigoles, etc., etc., tantôt ouvertes, tantôt recouvertes, qui favorisent l'écoulement des eaux retenues soit à la surface du sol, soit à une profondeur très-restreinte.

Ce système ne peut atteindre ni les eaux pluviales qui ont traversé le sol et le sous-sol, ni les eaux de source qui coulent au-dessous des tranchées et qui entretiennent une humidité permanente.

Le drainage à fond s'établit au moyen de tranchées ou drains creusés à une profondeur variable selon la nature du terrain, mais atteignant toujours la partie du sous-sol au travers de laquelle les eaux surabondantes peuvent filtrer avec facilité.

Profondeur des tranchées.

Les tranchées du drainage à fond ont ordinairement 1 mètre. 20 centimètres ; elles dépassent rarement 1 mètre 40 centimètres.

Largeur de la tranchée.

La largeur de la tranchée doit être réduite à l'espace nécessaire pour que l'ouvrier puisse travailler.

Des outils.

Des outils spéciaux ont été inventés en Angleterre pour faciliter le travail et réduire même la largeur du fond de la tranchée à la grosseur des tuyaux en terre cuite fabriqués pour écouler les eaux des tranchées.

Cet assortiment se compose de plusieurs instruments, savoir : bêches, pics, houes, écopes, gabarits, pinces, tarières, etc.

Les bêches sont de différentes largeurs. La bêche la plus étroite est très-longue, afin de permettre à l'ouvrier d'atteindre loin de lui à la profondeur désirée, et en réduisant la tranchée, comme nous l'avons dit plus haut, à la grosseur des tuyaux en terre.

On nettoie les tranchées ou drains avec des houes étroites et avec un instrument recourbé nommé écope ; on enlève la terre et les pierrailles amassées avec la houx. Lorsque la tranchée a toute la profondeur, au moyen d'une écope, on trace, au fond du drain, une forme cylindrique égale à la largeur extérieure des tuyaux. Lorsque le terrain l'exige, on emploie pour ameublir le sol des tranchées soit le pic ordinaire à deux pointes, soit le pic à pied, ainsi nommé parce que près de l'extrémité du manche se trouve une petite pièce de fer plate sur laquelle l'ouvrier appuie le pied pour enfoncer sou outil.

Pour vérifier la largeur et la profondeur des tranchées, on se sert d'un gabarit, instrument composé d'une tige droite armée de trois traverses. En plaçant la tige ou la tringle au fond du drain, les traverses doivent toucher la terre des deux côtés.

Au moyen de pinces en bois très-longues et d'un instrument composé d'un long manche armé d'une tige horizontale que l'on introduit dans l'intérieur des tuyaux, l'ouvrier peut les placer et les déranger à volonté en restant sur le terrain, ayant la tranchée entre les pieds.

On place les tuyaux à la suite les uns des autres, en les faisant joindre le mieux possible. Lorsque la jonction est imparfaite, on recouvre le vide au moyen d'un demi-manchon.

On ferme toujours le dernier tuyau avec un bouchon de paille pour empêcher l'introduction de quoi que ce soit dans l'intérieur des tuyaux. On se sert aussi de tarières pour percer les couches imperméables du sol, jusqu'à ce que l'on atteigne une couche perméable.

Des machines propres à la fabrication des tuyaux.

Diverses machines sont employées pour fabriquer les tuyaux. Les meilleures seraient :

La machine de Clayton, qui coûte 2,000 fr. et fabrique 1,500 tuyaux à l'heure ;

La machine de David, de Glascow, qui coûte 675 fr. et fait 8,000 tuyaux par jour ;

La machine de Sannders et William, qui coûte 300 f et fabrique 500 tuyaux à l'heure(1).

La longueur des tuyaux est ordinairement de 30 centimètres. Leur largeur a long-temps varié ; on préfère généralement ceux d'une largeur moyenne : un pouce et demi à deux pouces, ou 40 à 54 millimètres.

Du remplissage des tranchées.

On ne doit ordinairement commencer le remplissage des tranchées que lorsque le creusement général est terminé, afin de vé-rifier si la pente donnée est bien régulière, si l'écoulement des eaux s'opère sans obsta-cle vers le drain principal ou le fossé destiné à les recevoir ou à les écouler au loin.

Lorsque l'on craint que les côtés de la saignée ne s'éboulent, il faut y placer les pierres ou les tuyaux le plus vite possible ; ou l'on pose verticalement ou horizontale-ment des planches contre les parties qui menacent de s'ébouler, et on les fixe au moyen de courts étançons.

Le remplissage des tranchées a lieu de diverses manières, soit avec des pierres, soit avec des tuiles, soit avec des tuyaux en terre.

----

(1) On a observe qu'il faut étudier le mélange des terres que l'on doit employer à la fabrication des tuyaux, car la terre préparée pour telle machine ne peut servir pour telle autre.

Lorsque la direction des tranchées est arrêtée, on doit, avant de les ouvrir, faire déposer, sur l'un des bords, les tuyaux ou les pierres que l'on doit employer pour le remplissage.

Le charriage de tous les matériaux, et particulièrement des pierres, devient très-difficile lorsque les tranchées sont ouvertes.

Quelquefois le terrain est tellement humide que les voitures ne pourraient pas avancer ; il faut attendre l'asséchement qui a lieu peu de temps après l'ouverture des tranchées.

Les tuyaux en terre sont préférables aux autres matériaux. Cependant, dans quelques localités, on peut se servir avantageusement des pierres.

Avec les pierres.

On emploie pour l'empierrement des tranchées des pierres ramassées dans les champs ou des débris de carrière ; on doit les réduire à la grosseur des matériaux employés pour les routes.

La hauteur de l'empierrement doit être de 30 à 40 centimètres. La largeur du fond de la tranchée, ou du drain, doit être de 15 centimètres. L'arrangement des matériaux exige un ouvrier très-soigneux.

On recouvre l'empierrement avec de la mousse ou du gazon retourné, pour que la terre de la tranchée, que l'on rejette par-dessus l'empierrement, ne puisse pas s'introduire entre les pierres et causer une obstruction boueuse.

Avec des tuiles.

Le drainage avec des tuiles est le plus cher; il s'exécute avec une tuile placée à plat et recouverte avec une tuile cylindrique.

Avec des tuyaux.

L'ouverture des tranchées destinées à recevoir des tuyaux en terre cuite est la moins dispendieuse. Au moyen des instruments spéciaux indiqués plus haut, on creuse la tranchée en la réduisant à la largeur du tuyau; le tuyau est ensuite recouvert, soit avec des pierres, soit avec la terre la plus argileuse du déblai; et on termine le remplissage avec la terre la plus meuble.

Le remblai du drain ou de la tranchée doit être fait avec beaucoup de soin; on dame fortement la terre pour empêcher l'infiltration des eaux, et on ne doit jamais employer le sable pour cette opération.

Distance à observer entre les tranchées ou les drains.

La distances entre les tranchées ne peut être déterminée à l'avance.

Il faut étudier d'abord le terrain, reconnaître sa nature, ouvrir des tranchées, observer la quantité d'eau qui s'égoutte, distinguer si ces eaux proviennent de sources fixes ou temporaires, ou simplement de l'égout des terres.

Le conducteur du travail suit les indications fournies par le terrain, et, selon les circonstances, il règle la profondeur des tranchées et la distance à établir entre elles.

Labour en sillons et saignées ouvertes.

C'est pour remédier aux inconvénients que produit la stagnation des eaux sur un sous-sol imperméable que, dans une partie de la Normandie, on a recours à la forme du labour en sillons pour assainir les terres arables, et que l'on ouvre dans les prairies de nombreuses saignées ou rigoles non couvertes.

Ces deux moyens sont très-imparfaits : les eaux inférieures ne s'écoulent pas ; elles entretiennent une humidité surabondante et nuisible, tandis que les eaux qui coulent à la surface du sol entraînent avec elles la majeure partie des engrais et de la terre végétale.

Dans les herbages l'entretien des saignées est dispendieux et l'on perd en outre une étendue considérable des meilleures parties. Les animaux peuvent souvent se blesser en tombant dans les rigoles lorsqu'elles ont une certaine profondeur.

Prix du Drainage.

La dépense du drainage est assez élevée ; cependant, dans un travail de cette importance, il faut éviter de chercher à la réduire, car on peut compromettre la durée de l'efficacité de l'opération si l'on veut restreindre la profondeur des tranchées ou augmenter leur éloignement.

En général, les économies sur l'exécution d'un travail ont toujours des résultats fâcheux.

Il n'y a pas d'inconvénients à augmenter la profondeur d'une tranchée, souvent même il y a économie. Ainsi, dans certains cas, des tranchées ayant 91 centimètres de profondeur ne peuvent être éloignées les unes des autres de plus de 6 mètres 40 centimètres, tandis que des tranchées profondes de 1 mètre 20 centimètres seront distantes de 20 mètres.

En creusant plusieurs trous à une égale distance de deux tranchées parallèles d'une semblable profondeur, on reçonnaît à quelle distance l'action des saignées se fait suffisamment sentir, et l'on règle l'écartement des tranchées d'après l'asséchement obtenu.

L'argile desséchée se crevasse et favorise l'écoulement des eaux mieux peut-être que certains sous-sols perméables et sablonneux.

M. Lupin, après différents essais, a trouvé que son sous-sol imperméable était parfaitement asséché par des tranchées profondes de 1 mètre 20 centimètres et éloignées les unes des autres de 20 mètres. A cette distance il lui faut 500 mètres de saignées et 1,500 tuyaux pour drainer un hectare.

Dans ces conditions, le prix du **drainage** d'un hectare ne serait pas très-élevé.

On donne, pour creuser et reboucher **les** tranchées et placer les tuyaux, 15 c. par mètre, soit, pour 500 mètres....... **75 fr.**

En comptant les tuyaux à 16 fr. le mille, prix auquel ils se vendent à Paris, chez Armitage, fabricant, rue des Fourneaux, n° 3, quinze cents, à 16 fr. le mille, coûtent............... 24

Total........... **99 fr.**

Décharge des tranchées.

Il faut ajouter à cette somme le prix de l'ouverture du fossé ou du drain principal qui doit recevoir et écouler les eaux fournies par les tranchées, et ce travail ne peut être évalué que sur le terrain.

La pente des tranchées doit augmenter **en** approchant du fossé principal. Celui-ci doit être plus profond que les tranchées; il doit toujours être nettoyé avec soin pour que l'eau des tranchées s'écoule librement, pour qu'elle ne remonte jamais dans l'intérieur des tuyaux ou des empierrements après les plus fortes pluies.

Lorsqu'il n'y a point de pente pour l'écoulement des eaux, on est obligé de creuser des puits pour les recevoir et leur livrer passage au travers des couches perméables.

Le drainage coûte en moyenne, en Angleterre, cent cinquante francs par hectare.

En Belgique, on a pu l'établir au prix de cent francs.

En France, il n'y a jusqu'ici que M. Garreau qui l'entreprend au prix de 210 à 250 fr. l'hectare, selon la nature du terrain.

Au prix élevé fixé par M. Garreau, il y a encore un grand avantage pour le propriétaire, car il est reconnu que le drainage augmente le produit de la terre d'une valeur de 15 à 29 pour cent de la somme dépensée.

Durée du Drainage.

La durée du drainage est indéfinie lorsque cette opération a été faite avec soin et dirigée avec intelligence

La fumure d'un hectare ne revient-elle pas à plus de deux cents francs, et il faut recommencer tous les trois ans.

Le drainage d'un hectare ne coûtera pas autant et son effet durera quinze fois plus longtemps.

Causes de l'engorgement des drains.

Les causes les plus ordinaires de l'engorgement des tranchées sont : les dépôts formés par les infiltrations des matières ferrugineuses et calcaires, le sable et les racines des plantes.

Les drains établis avec des pierres sont plus sujets à s'engorger que les drains établis avec des tuyaux.

Les drains profonds sont moins exposés que les drains peu profonds.

L'eau s'écoule plus facilement par les tuyaux qu'à travers les pierres.

Dans les terrains ferrugineux ou argileux les eaux sont colorées par le protoxide de fer (1); elles forment un dépôt qui finit par obstruer les interstices des pierres.

Dans les terrains calcaires les eaux sont souvent chargées de carbonate de chaux (2), qui forme des dépôts solides empêchant le passage de l'eau.

Les deux inconvénients ci-dessus sont bien moins sensibles lorsque le volume d'eau se trouve resserré dans un tuyau, où une petite quantité d'air parvient difficilement à pénétrer, et lorsque la vitesse et la régularité du cours d'eau entraînent au fur et à mesure les dépôts formés par les matières minérales.

Les racines des plantes, en s'introduisant dans les conduits des drains, les bouchent hermétiquement; aussi est-il bien recommandé d'éloigner les tranchées couvertes de 15 à 20 mètres des haies et des plantations.

---

(1) Le protoxide tenu en dissolution dans de l'eau se transforme au contact de l'air en un peroxide insoluble.

(2) Le carbonate de chaux tenu en dissolution dans certaines eaux se dissout par un excès d'acide carbonique lorsque les eaux arrivent à l'air libre.

Longueur des tranchées couvertes ou des drains.

Les tranchées ou les drains, depuis leur point de départ jusqu'à leur décharge dans les fossés ou les rivières, peuvent avoir une longueur de 250 mètres.

Pour une plus grande longueur, M. Parker place d'abord deux tuyaux l'un à côté de l'autre et quelquefois un troisième du même calibre par-dessus.

Il préfère cet arrangement à un tuyau qui serait à lui seul du même calibre que les trois précédents réunis, parce que, dit-il, il est très-utile que l'eau coule de temps en temps de manière à remplir complètement les tuyaux; alors ils ne s'engorgent pas si facilement.

Appréciation du volume d'eau que les tranchées doivent écouler.

Le volume d'eau à écouler est d'autant plus considérable et s'écoule d'autant plus vite que la tranchée est plus profonde.

Il s'écoule d'autant plus vite que l'absorption est plus régulière.

L'absorption est d'autant plus régulière et plus facile que le sol et le sous-sol sont plus parfaitement asséchés.

L'écoulement de l'eau de pluie par les tranchées ne répond pas du tout au volume d'eau tombé à la surface du sol, parce qu'une partie est absorbée par les racines des plantes et par l'évaporation. M. Parker, dont on ne peut contester la science pratique, démontre combien la quantité d'eau que les drains doivent écouler est peu considérable.

Au mois de novembre, pendant un temps d'observation de douze heures, il est tombé une épaisseur de 12 millimètres de pluie sur chaque pied carré de la surface.

Les saignées sur lesquelles l'observation a été faite sont éloignées de 7 mètres 31 1/2 centimètres, et chaque tuyau a 30 centimètres de long.

La quantité d'eau qui, après avoir traversé le sol, a dû entrer dans le tuyau à travers le vide qui se trouve entre la jonction de chaque tuyau, est évaluée à 47 centilitres par heure.

Il faut une bien petite ouverture pour donner passage à 47 centilitres d'eau pendant le courant d'une heure, puisque ce n'est par minute qu'environ le double du contenu d'un dé à coudre.

On peut conclure de ce fait, rapporté par M. Parker, que des tuyaux d'un petit diamètre suffiront dans les cas ordinaires; mais lorsque l'on rencontre des terrains ayant des cours d'eau fixes ou temporaires, il faut un examen très-attentif et une observation de plusieurs semaines pour ne pas compromettre, par la précipitation, un ouvrage qui doit durer indéfiniment.

CONSIDÉRATIONS GÉNÉRALES.

Les résultats obtenus en Angleterre par le drainage ou l'asséchement des terres ont été si importants qu'une loi fut votée par le parlement, le 28 août 1846, sous ce titre :

« Acte qui autorise des avances sur les « deniers publics, à l'effet d'encourager « l'amélioration du sol dans la Grande-Bre- « tagne et l'Irlande par le moyen des tra- « vaux du drainage. »

La somme de 162 millions de francs a été promptement répartie entre les premiers demandeurs, et on évalue à 900 millions les travaux de drainage exécutés en Angleterre depuis cette époque.

L'argent avancé par le gouvernement aux propriétaires doit être employé en cinq ans ; l'emprunteur paie 6 1/2 pour % d'intérêt par an pendant 22 ans, ce qui amortira au bout de ce temps le capital emprunté. Cet intérêt de 6 1/2 paraîtrait élevé si l'on ne faisait pas observer :

1º Que le capital dépensé pour les travaux de drainage n'a jamais rapporté moins de 15 pour % et quelquefois 29 ;

2º Que, moyennant une bien légère aug-mentation dans le taux de l'intérêt, le rem-boursement du capital s'effectue au moyen du mécanisme des intérêts composés.

Quand donc le gouvernement français voudra-t-il comprendre les merveilles que doit accomplir un système de crédit foncier qui permettrait à un cultivateur d'éteindre et de renouveler trois ou quatre fois dans un siècle, moyennant un intérêt de 4 ou 6 pour cent, le capital qu'il emprunterait pour améliorer son agriculture.

Nous ne laisserons pas échapper cette occasion de répéter que le cultivateur français gémit sous la double et impitoyable étreinte de l'ignorance et de l'usure.

Que l'on donne aux populations agricoles une instruction appropriée à leurs besoins, que l'on substitue à l'usure qui les ronge un système de crédit foncier fondé sur le principe du remboursement par annuités, et dans les produits variés et abondants des travaux vous trouverez, non pas un préservatif infaillible, mais un modérateur aux crises désolantes de 1847 et de 1851.

Le drainage bien compris, bien exécuté, sera la base économique de toutes les améliorations agricoles. Cependant, il ne faut pas espérer que son application puisse produire les mêmes avantages dans toutes les circonstances.

Mais toutes les fois qu'un terrain est trop humide, trop dur et trop sec en été, quelle que soit la nature du sol, on fera bien d'essayer sur une petite étendue l'application du drainage ; et, si l'expérience est favorable, on ne doit point hésiter à continuer une opération qui est également profitable au propriétaire, au fermier, au consommateur.

Mais si la nécessité du drainage est reconnue, comment peut-on le faire exécuter dans un pays où les propriétaires se trouvent arrêtés par une triple difficulté :

1º Absence d'hommes capables de diriger les travaux ;

2º Manque d'outils spéciaux pour creuser les tranchées ;

3º De machines pour fabriquer des tuyaux ?

Par quels moyens peut-on répandre la pratique du Drainage ?

Pour répandre la pratique du drainage, il faudrait :

1º Que les propriétaires intelligents donnassent l'exemple ;

2º Que les sociétés d'agriculture, comices, etc., etc., répandissent, autant que possible, des instructions simples et pratiques sur le drainage ;

3º Que les sociétés d'agriculture ou les comices encourageassent, par des subventions, les premiers essais du drainage ;

4º Que le gouvernement donnât des machines aux associations formées par les propriétaires pour entrependre de grands travaux de drainage.

Le plus puissant moyen d'enseignement pour les populations rurales est l'exemple d'une bonne pratique ; vient ensuite l'instruction. La théorie sera d'autant plus appréciée que l'opération qu'elle enseigne est exécutée, qu'elle est visible, qu'elle est appréciée.

En agriculture, exécutez d'abord, vous parlerez ensuite.

Que les propriétaires étudient les ouvrages publiés sur l'art du drainage, qu'ils visitent des travaux terminés ou en cours d'exécution ; et, si l'enseignement pratique leur manque, qu'ils fassent l'essai de quelques mètres de tranchées dans les parties les plus mauvaises de leur sol. Un essai ne peut causer une grande perte, et il suffit pour faire apprécier les effets du drainage.

On peut employer, pour construire les conduits des eaux, des tuiles, des pierres, des fagots. Quand le terrain expérimenté sera asséché, le propriétaire choisira pour la construction de ses drains les matériaux les plus à sa convenance.

Les tuyaux en terre cuite sont presque toujours plus avantageux ; mais l'achat d'une machine arrête. Dans ce cas, plusieurs propriétaires devraient se réunir, former une association. Les sociétés d'agriculture, le gouvernement doivent leur venir en aide.

La société d'agriculture de Compiègne fait imiter la machine de Clayton ; cet exemple devrait être suivi par d'autres sociétés et encouragé par le gouvernement.

Les industriels qui dirigent les établissements céramiques ne tarderont pas à fabriquer les tuyaux de drainage lorsqu'ils seront sûrs de trouver l'écoulement de leurs nouveaux produits.

Les hommes spéciaux vont se former, les

propriétaires trouveront des conducteurs, des surveillants. Que le gouvernement et les sociétés fassent un bon usage de leurs moyens d'action, et cette opération, ignorée aujourd'hui, demain sera connue de tous.

Le gouvernement ne doit-il pas être suffisamment éclairé sur les avantages que l'agriculture française doit retirer du drainage ; qu'il entre donc franchement dans la voie des encouragements réels. Ce vœu sera-t-il entendu, compris ?

L'indifférence du gouvernement à l'égard des vœux formulés par le Congrès central éloigne de nous cette espérance.

Que se passe-t-il chez nos voisins ?

A côté de nous, le gouvernement anglais avance des millions aux propriétaires pour encourager les travaux de drainage.

Le gouvernement belge a fait importer d'Angleterre des machines propres à la fabrication des tuyaux et des assortiments d'outils de drainage ; il a offert gratuitement aux sociétés d'agriculture le concours d'un ingénieur, des outils, des tuyaux pour faire l'essai du drainage.

Que se passe-t-il en France ?

Une compagnie anglaise a été, dit-on, appelée par le gouvernement français pour drainer les vastes domaines de l'Institut national agronomique de Versailles (1).....

---

(1) Ce travail doit être exécuté par M. Garreau.

CONCLUSION.

Que les membres des sociétés d'agriculture, que les amis du progrès agricole ne comptent donc que sur eux-mêmes ; qu'ils s'appellent, qu'ils s'unissent.

Les travaux exécutés avec ensemble sont les moins dispendieux et les mieux faits.

Que les grands propriétaires imposent par leurs exemples le goût et la science de l'agriculture, les petits propriétaires les imiteront peu à peu ; et, en présence de l'accroissement du bien-être de tous nos concitoyens, nous honorerons enfin l'agriculture comme étant la base de la richesse et de la paix.

Argentan. — Imprimerie de BARBIER.